技工院校信息类专业工学一体化教材
技工院校计算机程序设计专业教材（中/高级技能层级）

SQL Server 数据库应用

习题册

陈道喜/主编

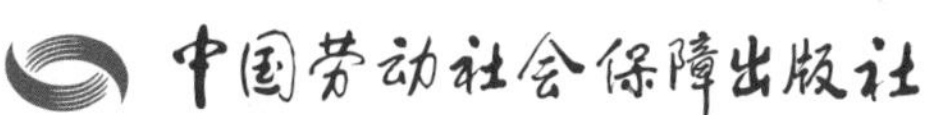

简介

本习题册是技工院校信息类专业工学一体化教材、技工院校计算机程序设计专业教材（中/高级技能层级）《SQL Server 数据库应用》的配套用书。习题册内容紧扣教材的教学要求，注重基础知识的巩固和基本能力的培养，知识点分布均衡，题型丰富，难易适当，有助于学生复习巩固所学知识。

本习题册由陈道喜担任主编。

图书在版编目（CIP）数据

SQL Server 数据库应用习题册 / 陈道喜主编 .
北京：中国劳动社会保障出版社，2024. --（技工院校信息类专业工学一体化教材）（技工院校计算机程序设计专业教材）. -- ISBN 978-7-5167-6534-0

Ⅰ. TP311.132.3-44

中国国家版本馆 CIP 数据核字第 2024QZ5721 号

中国劳动社会保障出版社出版发行

（北京市惠新东街 1 号　邮政编码：100029）

*

北京市鑫霸印务有限公司印刷装订　　新华书店经销

787 毫米 ×1092 毫米　16 开本　7.25 印张　135 千字

2024 年 8 月第 1 版　　2024 年 8 月第 1 次印刷

定价：16.00 元

营销中心电话：400-606-6496

出版社网址：http://www.class.com.cn

http://jg.class.com.cn

目 录

项目一　构建 SQL Server 环境

任务 1　认识 SQL Server

一、选择题

1. SQL Server 是一个（　　）的数据库系统。

A. 网状型　　B. 层次型　　C. 关系型　　D. 以上选项都不正确

2. 在计算机中，（　　）等统称为数据。

A. 文字和数字　　B. 语音和图形　　C. 图像和视频　　D. 以上选项都正确

3. 在下列各种类型的数据库管理系统中，（　　）管理系统应用最为广泛。

A. 网状数据库　　B. 关系数据库　　C. 层次数据库　　D. 非关系数据库

4. 下列选项中，（　　）不是关系数据库管理系统。

A. MongoDB　　B. Oracle　　C. SQL Server　　D. MySQL

二、简答题

1. 数据库管理系统的功能有哪些？

2. 数据库系统的特点有哪些？

3. SQL Server 2022 服务器组件有哪些？

4. 在数据库应用系统示意图（见图 1-1-1）中，将数据库应用系统的构成补充完整，并阐述每一部分的作用。

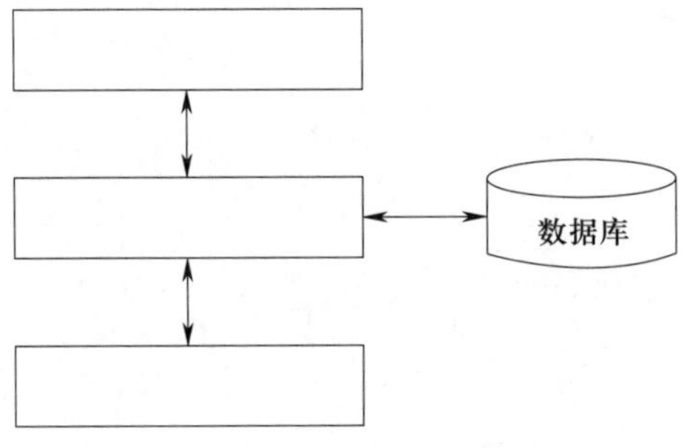

图 1-1-1　数据库应用系统示意图

5. 简述数据库、数据库管理系统、数据库应用系统的区别与联系。

三、操作题

1. 根据 SQL Server 2022 版本的安装条件，列出计算机硬件的配置需求。

2. 根据 SQL Server 2022 版本的安装条件，列出计算机软件的配置需求。

3. 下载 SQL Server 2022 Developer 安装包。

任务 2 安装 SQL Server

一、选择题

1. 下列选项中，(　　)可以下载官方的 SQL Server 2022 Developer 安装包。

A. https://www.sqlserver.com

B. https://www.microsoftsqlserver.com

C. https://www.sqlserver.microsoft.com

D. https://www.microsoft.com/zh-cn/sql-server/sql-server-downloads

2. 在安装 SQL Server 2022 Developer 的过程中，实例配置的 SQL Server 默认目录是（　　）。

A. C:\Program Files\Microsoft Office\Office16

B. C:\Program Files\Microsoft SQL Server\MSSQL16.MSSQLSERVER

C. D:\Program Files\Microsoft SQL Server\MSSQL16.MSSQLSERVER

D. C:\Program Files（x86）\Microsoft SQL Server

3. 安装 SQL Server Management Studio 后，下列选项中，(　　)正确描述了窗口的部分名称。

A. 左侧是“数据库浏览器”，右侧是“执行查询”

B. 左侧是“对象资源管理器”，右侧是“数据库查询”

C. 左侧是“查询分析器”，右侧是“对象资源管理器”

D. 左侧是“查询”，右侧是“服务器资源管理器”

二、简答题

1. 简述 SQL Server 2022 Developer 和 Express 版本的区别。

2. 在安装 SQL Server 的过程中，可选的身份验证模式有哪几种？

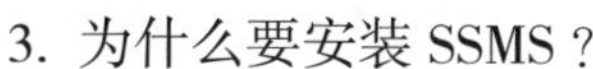

3. 为什么要安装 SSMS？

三、操作题

1. 安装 SQL Server 2022，并登录数据库服务器，写出数据库服务器的名称。

2. 上网查阅资料，学习 MySQL 数据库的下载与安装方法。

3. 上网查阅资料，学习 SQLite 数据库的下载与安装方法。

任务 3 连接数据库服务器和启动 SSMS

一、选择题

1. 下列选项中，(　　)命令可以打开 SQL Server 2022 配置管理器。

A. SQL Server Manager13.msc

B. SQL Server Manager14.msc

C. SQL Server Manager15.msc

D. SQL Server Manager16.msc

2. 为了启动 MSSQL Server 服务，最快捷的方法是(　　)。

A. 打开浏览器并输入“net start mssqlserver”

B. 在管理员权限的命令提示符窗口中输入“net start mssqlserver”

C. 从开始菜单中找到 MSSQL Server 图标并单击“启动”按钮

D. 在控制面板中找到 MSSQL Server 图标并单击“启动”按钮

3. 在连接到 SQL Server 数据库服务器时，(　　)端口号是默认用于标准连接的端口。

A. 1433　　B. 80

C. 3306　　D. 8080

二、简答题

1. 数据库服务器的功能有哪些?

2. 启动 mssqlserver 服务的方法有哪些?

3. 如何检测 mssqlserver 服务？

三、操作题

1. 使用界面方式启动、停止、重启 mssqlserver 服务。

2. 使用命令方式启动、停止、重启 mssqlserver 服务。

项目二　创建数据库

任务 1　创建一个新数据库

一、选择题

1. 在 SQL Server 数据库中，“.mdf”格式的文件主要用于存储（　　）。

A. 数据库的启动信息和系统表　　B. 数据库中已发生的所有修改

C. 数据表中的数据　　D. 日志信息

2. 下列选项中，有关视图结构的说法正确的是（　　）。

A. 视图结构是一个虚表

B. 视图结构与表结构一样

C. 在对视图的数据进行操作时，与基本表无关

D. 数据库中存储了视图的定义和视图的数据

3.（　　）数据库保存了登录信息、系统设置信息、SQL Server 的初始化信息和其他系统数据库及用户数据库的相关信息。

A. model　　B. msdb　　C. tempdb　　D. master

4. 下列选项中，创建数据库的 SQL 语句是（　　）。

A. CREATE DATABASE　　B. ALTER DATABASE

C. DROP DATABASE　　D. MODIFY DATABASE

5. 下列选项中，修改数据库的 SQL 语句是（　　）。

A. CREATE DATABASE　　B. ALTER DATABASE

C. DROP DATABASE　　D. MODIFY DATABASE

6. 下列选项中，删除数据库的 SQL 语句是（　　）。

A. CREATE DATABASE　　B. ALTER DATABASE

C. DROP DATABASE　　D. MODIFY DATABASE

二、简答题

1. 简述 SQL Server 数据库中数据文件和日志文件的作用。

2. 创建数据库的注意事项有哪些?

3. 数据库的三要素分别是指什么?

三、操作题

1. 建立名为 school 的数据库，要求数据库文件存储在 D:\data 目录下，初始大小为 5 MB，增量为 1 MB。

2. 通过界面方式完成以下操作。

（1）查看数据库 ssts 的属性。

（2）增加数据库文件 sst01 到 primary 文件组，文件类型为“数据”；再增加日志文件 ssts01_log，文件类型为“日志”。

3. 使用 SQL 语句创建一个名为“testFirst”的数据库，数据库文件存储在 D:\database 目录下。

4. 使用 SQL 语句将名为“testFirst”的数据库修改为“testSecond”。

5. 使用 SQL 语句删除名为“testSecond”的数据库，删除前需要判断是否存在此数据库。

任务 2 通过界面方式创建数据表

一、选择题

1. 在 SQL Server 中，（　　）数据类型用于存储整数值，并且其范围较大（-2^{63}~$2^{63}-1$），通常用于表示整数型数据。

A. VARCHAR　　B. FLOAT　　C. INT　　D. DATE

2. 下列选项中，（　　）是数据表中常用的浮点类型。

A. VARCHAR（MAX）　　B. BOOLEAN

C. DECIMAL（10，2）　　D. BLOB

3. 在 SQL Server 中，以下关于 VARCHAR 和 NCHAR 数据类型的描述正确的是（　　）。

A. VARCHAR 用于存储固定长度的 Unicode 字符串，而 NCHAR 用于存储变长的非 Unicode 字符串

B. VARCHAR 用于存储变长的非 Unicode 字符串，而 NCHAR 用于存储固定长度的 Unicode 字符串

C. VARCHAR 和 NCHAR 均用于存储变长的非 Unicode 字符串

D. VARCHAR 和 NCHAR 均用于存储固定长度的 Unicode 字符串

二、简答题

1. SQL Server 中常用的数据类型有哪些?

2. 数据类型 NCHAR、NVARCHAR、CHAR、VARCHAR 之间有哪些不同?

3. 如果要设置学号为主键，那么学号的数据类型是什么？为什么？

三、操作题

1. 使用SSMS方式创建数据库和数据表。设有一个spj数据库，包括s、p、j及spj共4个关系模式。

（1）供应商表s由供应商代码（sno）、供应商姓名（sname）、供应商状态（status）、供应商所在城市（city）等组成。

s（sno，sname，status，city）

（2）零件表p由零件代码（pno）、零件名（pname）、颜色（color）、重量（weight）等组成。

p（pno，pname，color，weight）

（3）工程项目表j由工程项目代码（jno）、工程项目名（jname）、工程项目所在城市（city）等组成。

j（jno，jname，city）

（4）供应情况表spj由供应商代码（sno）、零件代码（pno）、工程项目代码（jno）、供应数量（qty）等组成，其中表示某供应商供应某种零件给某工程项目的数量为qty。

spj（sno，pno，jno，qty）

数据表的各个字段名称、数据类型、主外键关系如下。

供应商表s:

sno: VARCHAR（10）（主键）

sname: VARCHAR（50）

status: INT

city: VARCHAR（30）

零件表 p:

pno: VARCHAR（10）（主键）

pname: VARCHAR（50）

color: VARCHAR（20）

weight: DECIMAL（10，2）

工程项目表 j:

jno: VARCHAR（10）（主键）

jname: VARCHAR（50）

city: VARCHAR（30）

供应情况表 spj:

sno: VARCHAR（10）（外键参考 s 表的 sno）

pno: VARCHAR（10）（外键参考 p 表的 pno）

jno: VARCHAR（10）（外键参考 j 表的 jno）

qty: INT

主键：（sno，pno，jno）组合主键，唯一标识一条记录。

2. 如果要创建一个教学数据库，包括学生表、课程表、选课表。模仿上一题，确定数据表的各个字段名称、数据类型、主外键关系。再试着使用 SSMS 方式创建数据库和数据表。

任务 3 通过命令方式创建数据表

一、选择题

1. 下列选项中，创建数据表的 SQL 语句是（　　）。

A. CREATE TABLE　　B. ALTER TABLE

C. DROP TABLE　　D. MODIFY TABLE

2. 下列选项中，修改数据表的 SQL 语句是（　　）。

A. CREATE TABLE　　B. ALTER TABLE

C. DROP TABLE　　D. MODIFY TABLE

3. 下列选项中，删除数据表的 SQL 语句是（　　）。

A. CREATE TABLE　　B. ALTER TABLE

C. DROP TABLE　　D. MODIFY TABLE

4. 在操作表的 SQL 语句中，ALTER 的作用是（　　）。

A. 删除基本表　　B. 修改基本表中的数据

C. 修改基本表的结构　　D. 删除数据

5. 在进行数据库设计时，要使用命令方式删除表中的某一列，以下命令正确的是（　　）。

A. REMOVE COLUMN　　B. DROP COLUMN

C. ALTER TABLE DROP COLUMN　　D. DELETE COLUMN

二、简答题

1. 简述使用 CREATE TABLE 命令创建表的基本步骤。

2. 简述使用 ALTER TABLE 命令修改表的常见操作及验证方法。

3. 简述使用 DROP TABLE 命令删除表的步骤及影响。

三、操作题

1. 图书管理数据库系统 pubs 包括图书馆内书籍的信息、学校在校师生的信息以及师生的借阅信息。此系统用户面向图书管理员和读者，图书管理员可以完成图书、读者、图书类型、学科类型、读者类型等基本信息的增加、删除和修改，可以制定借阅规则；读者可以进行图书的借阅、续借、归还、预约确认等操作。到微软官网上查阅 T-SQL 脚本创建图书管理数据库系统 pubs。

2. 脚本是储存在文件中的一系列 SQL 语句，是可再利用的项目化代码。数据库在生成脚本文件后，可以在不同的计算机之间传送。使用 SSMS 生成本项目中 ssts 数据库的 SQL 脚本。

任务 4 设置约束

一、选择题

1. FOREIGN KEY 约束是（　　）完整性约束。

A. 实体　　B. 参照　　C. 用户定义　　D. 域

2. 在创建数据表时可以给字段规定 NULL 或 NOT NULL 值，NULL 值的含义是（　　）。

A. 0　　B. 空格

C. 表明该列是未知的　　D. '0'

3. 下列选项中，完整性约束（　　）是唯一性约束。

A. CHECK　　B. PRIMARY KEY

C. NULL 或 NOT NULL　　D. UNIQUE

4. 使用下列（　　）约束可以确保输入的值在有效范围内。

A. CHECK　　B. PRIMARY KEY

C. NULL/NOT NULL　　D. FOREIGN KEY

5. 将 student 表中的 sex 列属性更改为 NOT NULL，正确的语句是（　　）。

A. ALTER COLUME sex CHAR（2）NOT NULL

B. ALTER TABLE student ALTER sex CHAR（2）NOT NULL

C. ALTER TABLE student ALTER COLUME sex CHAR（2）NOT NULL

D. ALTER TABLE student ALTER COLUME sex CHAR（2）NULL

6. 将 student 表中的 province 列默认值设置为“江苏省”，正确的语句是（　　）。

A. ALTER TABLE student ADD DEFAULT '江苏省' FOR province

B. ALTER TABLE student DEFAULT '江苏省' FOR province

C. ALTER TABLE student ADD '江苏省' FOR province

D. ALTER TABLE student ADD DEFAULT '江苏省'

7. 创建默认值对象 df_today 为当前日期，并将其绑定到 student 表中的 date 列，正确的语句是（　　）。

A. CREATE DEFAULT df_today AS Getdate（）
EXEC sp_bindefault df_today，'student.date'

B. CREATE DEFAULT df_today AS Getdate（）

C. EXEC sp_bindefault df_today，'student.date'

D. CREATE DEFAULT df_today Getdate（ ）

EXEC sp_bindefault df_today，'student.date'

8. 将 course 表中的 score 列的检查约束设置为 >=0 且 <=100，正确的语句是（　　）。

A. ALTER TABLE course CHECK（score>=0 AND score<=100）

B. ALTER TABLE course ADD（score>=0 AND score<=100）

C. ALTER TABLE course ADD CHECK（0<= score<=100）

D. ALTER TABLE course ADD CHECK（score>=0 AND score<=100）

9. 向 course 表中添加标识列 id，第 1 行默认值为 1，相邻两个标识列间的增量为 1，正确的语句是（　　）。

A. ALTER TABLE course id INT IDENTITY（1，1）NOT NULL

B. ALTER TABLE course ADD id IDENTITY NOT NULL

C. ALTER TABLE course ADD id INT IDENTITY（1，1）NOT NULL

D. ALTER course ADD id INT IDENTITY（1，1）NOT NULL

10. 修改表 student，表中 id 字段参照 dept 表中的主键 id，正确的语句是（　　）。

A. ALTER TABLE student ADD PRIMARY KEY（id）REFERENCES dept（id）

B. ALTER TABLE student ADD FOREIGN KEY（id）REFERENCES id

C. ALTER TABLE student ADD FOREIGN KEY（id）REFERENCES dept（id）

D. ALTER TABLE student ADD FOREIGN id REFERENCES dept.id

二、简答题

1. 使用 T-SQL 语句建立一个表 table_default，有用户名 username 和入职日期 entrydate 字段，其中 entrydate 字段为 DATETIME 型字段，指定其缺省值为函数 GETDATE（ ）的返回值。写出其 T-SQL 语句。

2. 简述主键约束、唯一性约束、外键约束、检查约束的作用和关键字。

3. 查阅资料，简述标识列 IDENTITY 的概念与用法，以及在创建教师表 CREATE TABLE 语句中的运用。

三、操作题

1. 通过界面方式在 ssts 数据库中完成以下操作。

（1）修改 student 表，增加一列“家庭地址”，设置数据类型为 VARCHAR（60）。

（2）设置“家庭地址”的默认值为“某市某区某新村”。

2. 通过界面方式在 pubs 数据库中完成以下操作。

（1）创建职位表 jobs，设置职位编号 job_id 为主键，jobs（job_id，job_desc，min_lvl，max_lvl）。其中 job_desc 表示职位说明，min_lvl 表示最低级别，max_lvl 表示最高级别。

（2）创建雇员表employees，设置雇员编号emp_id为主键，职位编号job_id为外键，employees（emp_id，fname，minit，lname，job_id，job_lvl，pub_id，hire_date）。其中fname表示雇员名，minit表示简写，lname表示雇员姓，job_lvl表示职位级别，pub_id表示所属发行商，hire_date表示雇佣日期。

3. 设有一个spj数据库，包括s、p、j及spj共四个关系模式。

s（sno，sname，status，city）

p（pno，pname，color，weight）

j（jno，jname，city）

spj（sno，pno，jno，qty）

使用T-SQL语句创建数据库和数据表。

项目三　操作数据表

任务1　通过SSMS操作数据表

一、选择题

1. 在SQL Server Management Studio中，执行数据插入操作的是（　　）。

A. 使用命令提示符窗口执行INSERT语句

B. 在对象资源管理器中右键单击表，在弹出的快捷菜单中选择“编辑前200行”选项

C. 在查询编辑器中编写DELETE语句并执行

D. 通过注册表编辑器添加数据到表中

2. 为了删除表中的数据，应采取的操作是（　　）。

A. 在SSMS中选择表，右键单击并选择“删除”选项

B. 在对象资源管理器中右键单击表，在弹出的快捷菜单中选择“编辑前200行”选项，选中要删除的内容后进行删除操作

C. 使用DROP TABLE语句删除数据

D. 在Windows资源管理器中直接删除表的数据文件

3. 修改学生表student记录，操作方法是右键单击“student”表，在弹出的快捷菜单中选择（　　）。

A.“编辑前200行”选项

B.“设计”选项

C.“查看前1 000行”选项

D.“刷新”选项

二、简答题

1. 在数据库ssts中，有学生表student（sno，name，sex，age，dept）、课程表course（cno，name）、选课表sc（sno，cno，score）。三张表之间存在主外键关系，使用SSMS向课程表course和选课表sc插入数据时，需要注意哪些问题？

2. 在插入数据时，如果违反了主键或唯一性约束，数据库会拒绝插入操作并报错，此时应该如何处理?

三、操作题

1. 使用 SSMS 向课程表 course 插入四条记录：课程号 c01，课程名语文；课程号 c02，课程名数学；课程号 c03，课程名英语；课程号 c04，课程名韩语。

2. 使用 SSMS 修改课程表 course 中的一条记录，将课程号为 c04 的课程名由“韩语”改为“日语”。

3. 使用 SSMS 删除课程表 course 中课程号为 c04 的记录。

任务 2 插入数据

一、选择题

1. 下列选项中，(　　) 关键字用于在 SQL Server 中向表中插入数据。

A. ADD　　B. INSERT　　C. UPDATE　　D. MODIFY

2. 在 SQL Server 中，SELECT * INTO table1 FROM table2 WHERE 2=1 的使用是 (　　)。

A. 从 table2 复制到 table1

B. 从 table1 复制到 table2

C. 从 table2 复制到 table1，只复制表格的设计结构，不复制内容

D. 从 table2 复制到 table1，既复制表格的设计结构，又复制内容

3. 要向表中插入多行数据，以下 (　　) 语句是正确的。

A. INSERT INTO table1 (value1), (value2), (value3)

B. INSERT INTO table1 (column1, column2) VALUES (value1, value2), (value3, value4)

C. INSERT VALUES INTO table1 (value1, value2), (value3, value4)

D. ADD INTO table1 (column1, column2) VALUES (value1, value2), (value3, value4)

4. 在创建表语句中，对于 id 字段，若设置为 "id INT PRIMARY KEY IDENTITY"，IDENTITY 表示该字段的值会自动更新，插入或修改数据时不需要维护，通常情况下不可以直接给 IDENTITY 修饰的字符赋值，否则编译时会报错。格式为 "列名　数据类型　约束　IDENTITY (m, n)"，下列表达错误的是 (　　)。

A. m 表示的是初始值

B. n 表示的是每次自动增加的值

C. 如果 m 和 n 的值都没有指定，默认为 (1, 1)

D. m 和 n 可以只写其中一个值

5. 在创建表语句中，若有设置 "id INT PRIMARY KEY IDENTITY (20, 5)"，下列表达错误的是 (　　)。

A. 第一个 id 值为 1　　B. 第一个 id 值为 20

C. 第二个 id 值为 25　　　　　　　　　D. 第三个 id 值为 30

6. 在创建表语句中，若有设置“id INT PRIMARY KEY IDENTITY”，下列表达错误的是（　　）。

A. 第一个 id 值为 1

B. 第二个 id 值为 2

C. 删除了 id 值为 2 的记录，再插入一条记录，则刚插入的记录为 2

D. 删除了 id 值为 2 的记录，再插入一条记录，则刚插入的记录为 3

二、简答题

1. 写出 INSERT INTO table VALUES 语句的语法格式。

2. 写出 ALTER TABLE 语句的语法格式。

（1）添加列。

（2）改变表中列的数据类型。

（3）改变表中列的名字。

（4）删除列。

三、操作题

1. 在创建数据库关系图对象的操作过程中，提示“此数据库没有有效所有者，因此无法安装数据库关系图支持对象”。若要继续，首先使用“数据库属性”对话框的“文件”页或 ALTER AUTHORIZATION 语句将数据库所有者设置为有效登录名，然后添加数据库关系图支持对象。使用 T-SQL 语言完成以上操作。

2. 创建一个教学数据库，包括学生表 student、课程表 course，试着使用 SSMS 方式创建数据库和数据表结构，再使用 T-SQL 语句，在学生表 student（见表 3-2-1）插入如下记录。

表 3-2-1　学生表 student

sno	name	sex	age	dept
2022010901	李十雨	女	18	创意服务系
2022010902	沈十一	女	17	创意服务系
2022010903	王九婷	女	17	创意服务系
dq20220401	吴电	男	16	电气工程系
dq20220402	齐兰州	男	18	电气工程系
jd20220301	吉勇军	男	16	机电工程系
jd20220302	孙机电	男	18	机电工程系
xx20220401	刘美	女	17	信息工程系
xx20220402	庞凤婷	女	17	信息工程系
xx20220403	王帅	男	17	信息工程系
xx20220404	李飞祥	男	18	计算机
xx20220407	史默约	女	17	计算机

使用 T-SQL 语句，在课程表 course（见表 3-2-2）插入如下记录。

表 3-2-2　课程表 course

cno	name	pno	credit
c01	语文	NULL	NULL
c02	数学	NULL	NULL
c03	英语	NULL	NULL

续表

cno	name	pno	credit
c04	日语	NULL	NULL
c05	计算机基础	NULL	NULL
c06	SQL Server 数据库管理	c05	NULL
c07	C 语言程序设计	c05	NULL
c08	Java 语言程序设计	c07	NULL

3. 在数据库 ssts 中，复制“classOne”表结构，建立新表“补考名单”。将信息工程系 classTwo 班和 classThree 班成绩不及格的学生信息，利用 INSERT INTO 语句批量插入到“补考名单”表中，且 60 分以下的成绩用词语“不及格”代替。

4. 在项目二任务 4 操作题第 3 题的数据表中，使用 T–SQL 语句，在各个表插入如下记录，分别见表 3–2–3、表 3–2–4、表 3–2–5、表 3–2–6。

表 3–2–3　s 表

sno	sname	status	city
s1	精天	20	天津
s2	北盛	10	北京
s3	京喜	30	北京
s4	天丰	20	天津
s5	沪苏	30	上海

表 3-2-4　p 表

pno	pname	color	weight
p1	螺母	红	12
p2	螺栓	绿	17
p3	旋具	蓝	14
p4	旋具	红	14
p5	凸轮	蓝	40
p6	齿轮	红	30

表 3-2-5　j 表

jno	jname	city
j1	中建	北京
j2	一汽	长春
j3	弹簧厂	天津
j4	造船厂	天津
j5	机车厂	唐山
j6	无线电厂	常州
j7	半导体厂	南京

表 3-2-6　spj 表

sno	pno	jno	qty
s1	p1	j1	200
s1	p1	j3	100
s1	p1	j4	700
s1	p2	j2	100
s2	p3	j1	400
s2	p3	j2	200
s2	p3	j4	500
s2	p3	j5	400

续表

sno	pno	jno	qty
s2	p5	j1	400
s2	p5	j2	100
s3	p1	j1	200
s3	p3	j1	200
s4	p5	j1	100
s4	p6	j3	300
s4	p6	j4	200
s5	p2	j4	100
s5	p3	j1	200
s5	p6	j2	200
s5	p6	j4	500

任务 3　修改和删除数据

一、选择题

1. 在 course 表中，将课程号为 1234 的记录删除，以下语句中正确的是（　　）。

A. DELETE * FROM course WHERE cno ='1234'

B. DELETE FROM course WHERE cno =1234

C. DELETE FROM course WHERE cno ='1234'

D. DELETE * FROM course

2. 在 course 表中，将课程号为 1234、学号为 070201001 的记录删除，以下正确的语句是（　　）。

A. DELETE * FROM course WHERE cno='1234'

B. DELETE * FROM course WHERE sno='070201001'

C. DELETE * FROM course WHERE cno ='1234' AND sno ='070201001'

D. DELETE FROM course WHERE cno ='1234' AND sno ='070201001'

3. 在 SQL 语言中，使用 UPDATE 语句对表中数据进行修改时，应使用的子句是（　　）。

A. WHERE　　B. FROM　　C. VALUES　　D. SET

4. 使用 SQL 语言将所有商品价格调整为 7 折，且价格保留为整数，以下正确的语句是（　　）。

A. ROUND（price*0.7，0）

B. price*0.7

C. CAST（ROUND（price*0.7，0）AS INT）

D. CAST（ROUND（price*0.7）AS INT）

5. 下列选项中，用于从表中删除所有行而不删除表本身的 SQL 语句是（　　）。

A. UPDATE　　B. DROP　　C. REMOVE　　D. TRUNCATE

二、简答题

1. 简述使用 UPDATE SET 语句修改记录的过程及作用。

2. 简述 DELETE、TRUNCATE TABLE 和 DROP TABLE 语句的区别及各自适用的场景。

三、操作题

1. 使用T-SQL语句，在ssts数据库中，将学生表student系别dept中的“机电工程系”改为“电气工程系”。

2. 在ssts数据库中，有教师基本情况表teacher表和教师授课表tech_course表。teacher表结构为teacher（tno，name，sex，age，prof，salary，dept），分别表示教师的编号、姓名、性别、年龄、职称、工资和系别。tech_course表结构为tech_course（tno，cno），分别表示教师编号和课程编号。要求给讲授编号cno为c02的教师，增加500元工资，写出T-SQL语句。

3. 在数据库ssts中，建立student表。

使用INSERT语句向student表中插入数据。

```
USE ssts
INSERT INTO student（sno，name，sex，age，dept）
VALUES（'2023073101'，'潘婷'，'女'，21，'计算机'）
        （'2023073102'，'孙林'，'男'，21，'计算机'）
        （'2023073103'，'李宏伟'，'男'，20，'新闻'）
        （'2023073104'，'吴静芳'，'女'，20，'软件工程'）
        （'2023073105'，'林妙可'，'女'，19，'软件工程'）
        （'2023073106'，'宣慧'，'女'，22，'新闻'）
```

使用 INSERT 语句向 course 表中插入数据，其中 pno 代表先修课程号，cno 代表参考课程号，credit 代表学分。

```
USE ssts
INSERT INTO course（cno，name，pno，credit）
VALUES（'c01'，'数据库'，'c05'，4）
        （'c02'，'数学'，NULL，2）
        （'c03'，'网站数据库应用实例'，'c01'，4）
        （'c04'，'C 语言程序设计'，NULL，3）
        （'c05'，'数据结构'，NULL，3）
        （'c06'，'操作系统'，'c05'，4）
        （'c07'，'计算机基础'，NULL，4）
```

使用 INSERT 语句向 sc 表中插入数据。

```
USE ssts
INSERT INTO sc（sno，cno，score）
VALUES（'2023073101'，'c01'，92）
        （'2023073101'，'c02'，86）
        （'2023073101'，'c03'，88）
        （'2023073102'，'c03'，89）
        （'2023073102'，'c02'，90）
        （'2023073103'，'c07'，89）
```

写出以下操作的 T-SQL 语句。

（1）将学号为 2023073101 学生的年龄改为 20 岁。

（2）将所有学生的年龄增加 1 岁。

（3）删除学号为 2023073106 学生的记录。

（4）如果要删除学生表中学号为 2023073101 的学生，请问可以直接删除吗？如何操作才能删除呢？

（5）在 student 表中插入一条学生记录（'2024010101'，' 陈上海 '，18，' 男 '）。

（6）检索每一门课程成绩都大于等于 80 分的学生学号、姓名和性别，并把检索到的值送往另一个已存在的基本表 student80（sno，name，sex）。

4. 根据下列表，使用 T-SQL 语句完成以下操作。

s（sno，sname，status，city）

p（pno，pname，color，weight）

j（jno，jname，city）

spj（sno，pno，jno，qty）

（1）把全部红色零件的颜色改为蓝色。

（2）由 s5 供给 j4 的零件 p6 改为由 s3 供应。

（3）从供应商关系中删除供应商编号为 s2 的记录，并从供应情况关系中删除相应的记录。

（4）将（s2，j6，p4，200）插入供应情况关系。

项目四　管理数据库

任务 1　导入与导出数据表

一、选择题

1. 在 SQL Server 中，数据库文件的后缀名为（　　）。

A. mdb　　B. mdf　　C. ldf　　D. ndf

2. 2003 版本的 Access 数据库文件的后缀名为（　　）。

A. mdb　　B. mdf　　C. ldf　　D. ndf

3. 2007 版本以后的 Access 数据库文件的后缀名为（　　）。

A. mdb　　B. mdf　　C. ldf　　D. accdb

4. 2003 版本的 Excel 文件的后缀名为（　　）。

A. xls　　B. xlsx　　C. doc　　D. docx

5. 2007 版本以后的 Excel 文件的后缀名为（　　）。

A. xls　　B. xlsx　　C. doc　　D. docx

二、简答题

1. 简述 SQL Server 导入数据库的方式。

2. 简述 SQL Server 导出数据库的方式。

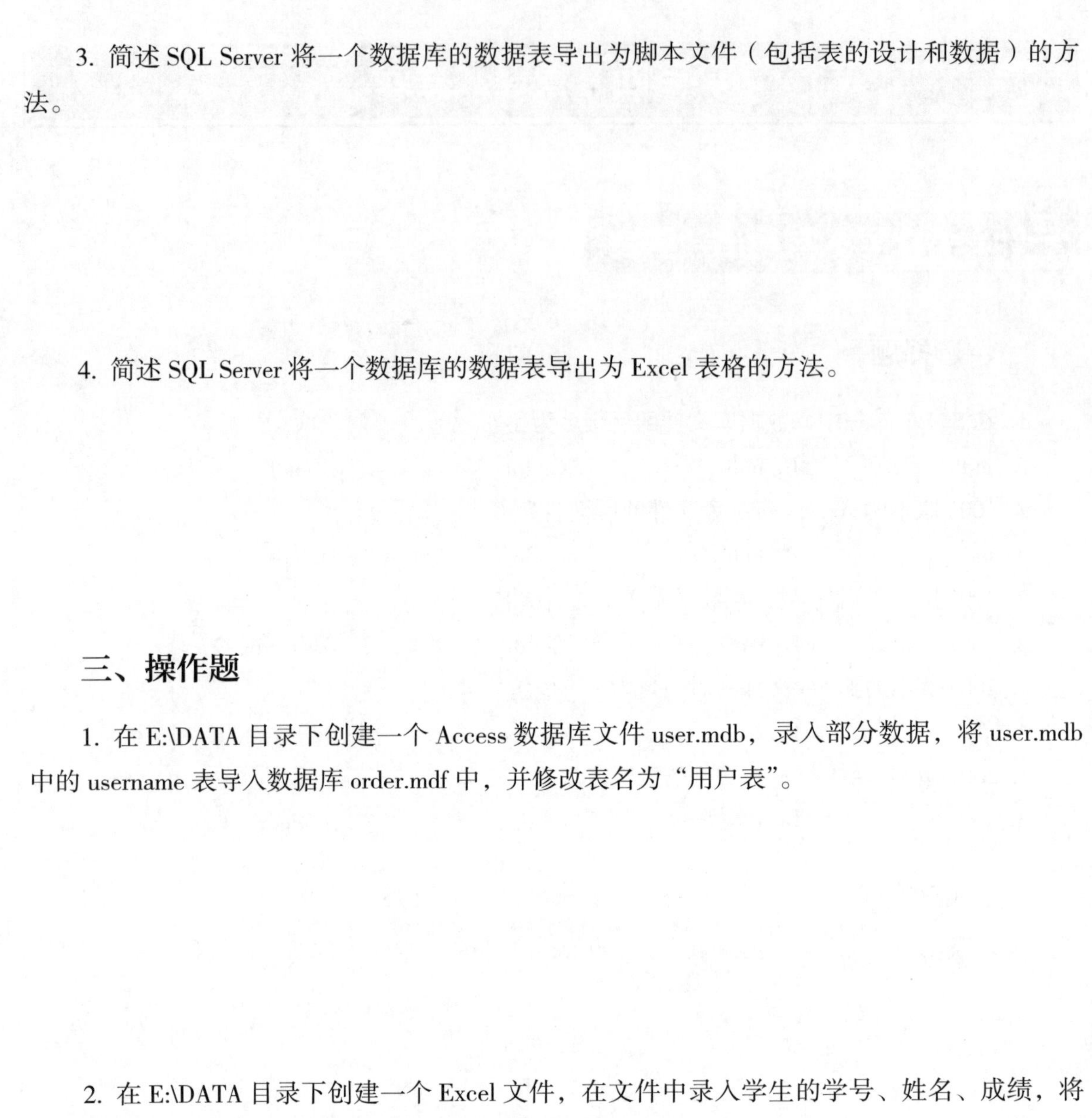

3. 简述 SQL Server 将一个数据库的数据表导出为脚本文件（包括表的设计和数据）的方法。

4. 简述 SQL Server 将一个数据库的数据表导出为 Excel 表格的方法。

三、操作题

1. 在 E:\DATA 目录下创建一个 Access 数据库文件 user.mdb，录入部分数据，将 user.mdb 中的 username 表导入数据库 order.mdf 中，并修改表名为“用户表”。

2. 在 E:\DATA 目录下创建一个 Excel 文件，在文件中录入学生的学号、姓名、成绩，将 Excel 文件导入到 ssts 数据库中，并修改表名为“学生成绩表”。

3. 将 pubs 数据库中的 discounts 表导出为 Excel 文件，存储在 E:\DATA 目录下，并修改 Excel 表名为“折扣表”。

4. 将 pubs 数据库中的 discounts 表导出为 Access 数据表，Access 数据库文件存储在 E:\DATA 目录下。

任务 2 分离与附加数据库

一、选择题

1. 分离数据库的作用是（　　）。
A. 加速数据库查询操作
B. 减小数据库文件大小
C. 将数据库从服务器中解除关联
D. 提高数据库的并发性能
2. 附加数据库的主要作用是（　　）。
A. 将数据库备份文件还原到服务器
B. 将数据库从服务器中分离

C. 将数据库文件复制到其他目录

D. 将已分离的数据库重新与服务器关联

3. 在分离数据库后，数据库文件会发生的变化是（ ）。

A. 数据库文件被删除

B. 数据库文件仍保留在原路径

C. 数据库文件变为只读

D. 数据库文件被压缩

4. 附加数据库时遇到“拒绝访问”错误，可能的解决方法是（ ）。

A. 以更高权限运行 SSMS

B. 将数据库文件移动到受信任的文件夹

C. 重启数据库服务

D. 修改数据库文件的所有者权限

二、简答题

1. 在通过界面方式分离数据库时，出现“无法分离数据库，因为当前正在使用”的错误，应该如何解决？

2. 简述数据库分离和附加的概念以及它们在 SQL Server 中的应用，并提供至少一个使用场景或实际案例来说明它们的用途。

三、操作题

1. 在使用命令方式分离数据库 ssts 时，出现“无法分离数据库，因为当前正在使用”的错误，参考以下 SQL 语句。

SELECT spid FROM sysprocesses WHERE dbid=db_id（'ssts'）

根据上面语句的结果，例如 53，有可能有多个数据，多次执行下面的语句。

KILL 53

执行完毕后，使用下面的语句分离 ssts 数据库。

USE MASTER

GO

EXEC sp_detach_db 'ssts'

执行以上 SQL 语句，检测能否成功分离数据库。

2. 使用命令方式附加数据库有以下两种方法。

（1）第一种方法是推荐使用的方法，即使用 SQL 的 CREATE 命令后加上 FOR ATTACH，代码如下。

```
USE MASTER
CREATE DATABASE ssts
ON（FILENAME='D:\Database\book\ssts.mdf '）
FOR ATTACH
```

（2）第二种方法是使用系统存储过程附加数据库，这种方法不推荐。

```
EXEC sp_attach_db @dbname = N'ssts'
@filename1 = N'D:\Database\book\ssts.mdf '
@filename2 = N'D:\Database\book\ssts _log.ldf '
```

后续版本的 Microsoft SQL Server 将删除该功能。避免在新的开发工作中使用该功能，并着手修改当前还在使用该功能的应用程序。建议改用 CREATE DATABASE database_name FOR ATTACH。

执行以上 SQL 语句，检测能否成功附加数据库。

任务 3 备份与还原数据库

一、选择题

1. 下列选项中，（　　）备份方法只备份自最近一次完整备份以来被修改的数据。

A. 完整　　B. 差异　　C. 事务日志　　D. 文件和文件组

2. 利用（　　）备份恢复时，可以恢复到某个指定的事务（如误操作执行前的那一时刻），这是差异备份和完整备份无法做到的。

A. 完全数据库　　B. 差异

C. 数据库文件和文件组　　D. 事务日志

3. 在 SQL Server 中备份数据库时，下列选项中，（　　）是正确描述备份类型的。

A. 完整备份只备份已更改的数据和日志文件

B. 差异备份只备份自最近一次完整备份以来被修改的数据

C. 事务日志备份只备份数据库文件

D. 逻辑备份备份数据库的物理文件

二、简答题

1. 数据库的备份类型有哪些？

2. 数据库备份的操作角色有哪些？

3. 什么是差异备份?

4. 在支持数据库恢复的还原方案中，有哪些还原操作?

三、操作题

1. 在 SQL Server 中创建一个名为“MyBackupDevice”的备份设备，路径为“D:\Backup”目录下的“MyDatabaseBackup.bak”文件。确保该备份设备可以被用于数据库的备份操作。

2. 由于数据库“MyDatabase”被损坏，需要进行完整恢复。按以下步骤执行数据库的完整恢复。

（1）使用备份设备“MyBackupDevice”中的备份文件进行还原。

（2）将数据库设定为单用户模式。

（3）执行完整恢复操作。

（4）将数据库重新设定为多用户模式。

项目五　查询数据库

任务 1　基本查询

一、选择题

1. 使用 SQL 语言描述“在教师表中查找所有教师的全部信息”，以下描述正确的是（　　）。

A. SELECT FROM 教师表

B. SELECT 性别 FROM 教师表

C. SELECT * FROM 教师表

D. SELECT 全部信息 FROM 教师表

2. SELECT 语句 DISTINCT 关键字的作用是（　　）。

A. DISTINCT 将会去除重复的行

B. DISTINCT 将会去除重复的列

C. DISTINCT 将会保留重复的数值

D. 与 UNIQUE 作用是一样的

3. 订单表 Orders 见表 5-1-1，以下（　　）语句可以返回所有订单的订单 ID 和产品。

表 5-1-1　订单表 Orders

订单 ID	客户 ID	产品	数量（个）	金额（元）
1	101	A	5	250
2	102	B	3	120
3	103	C	8	400

A. SELECT 订单 ID，客户 ID FROM Orders

B. SELECT 产品，数量 FROM Orders

C. SELECT 订单 ID，产品 FROM Orders

D. SELECT 客户 ID，金额 FROM Orders

二、简答题

1. 举例说明 DISTINCT 关键字在 SQL 查询中的作用和用法。

2. 简述 AS 和 TOP 在 SQL 查询中的作用，以及通过这两个关键字查询班级前几名学生的成绩并保留两位小数的方法。

三、操作题

1. 使用 pubs 数据库，试用 SQL 语言完成下列查询。

（1）搜索 pubs 数据库中的 titles 表，给所有图书价格打 8 折，返回图书的代号 title_id、种类 type、图书的原价 price、打 8 折后的价格 20%off_price。

（2）查询 pubs 数据库中 titles 表前五条记录。

（3）查询 pubs 数据库中 titles 表前三条记录，只显示列 title、type、price，列名用中文名代替。

（4）查询 titles 表中销量前 20% 的记录。

2. 对于教学数据库的三个基本表，试用 SQL 的查询语句完成下列查询。

学生表 student（sno，name，age，sex）

课程表 course（cno，name）

选课表 sc（sno，cno，score）

（1）在学生表 student 中，查询 30% 比例学生的所有信息。

（2）在课程表 course 中，查询课程号与课程名，列名用中文显示。

（3）在选课表 sc 中，查询前三条记录。

任务 2 条件查询

一、选择题

1. 下列选项中，关于条件查询 WHERE 子句的语法格式，正确的是（　　）。

A. SELECT FROM 表名 WHERE 列名 = 值

B. SELECT 列名 FROM 表名 WHERE 列名 = 值

C. SELECT * FROM 表名 WHERE 值

D. SELECT 列名 WHERE 表名 = 值 FROM 表名

2. 下列选项中，用于模糊查询的通配符是（　　）。

A. %　　B. $　　C. &　　D. @

3. 在 SQL Server 中，以下（　　）符号可用作通配符，以替代一个或多个字符来搜索数据库中的数据。

A. ?　　B. $　　C. %　　D. *

二、简答题

1. SELECT 语句的 WHERE 子句中有哪些逻辑运算符？这些逻辑运算符的作用是什么？

2. 通配符“_”与“%”在匹配学生的姓名时有什么不同？使用下划线通配符时，如何区分“李某”与“李某某”？

三、操作题

1. 使用 pubs 数据库，完成以下查询。

（1）在 publishers 表中，查找以字母 B 开头的城市中的任一出版商的名字。

（2）查询 titles 表中有几类（type）图书。

2. 使用 ssts 数据库，完成以下查询。

（1）在 student 表中，查找王某某，即姓王且姓名总共有三个汉字的学生。

（2）在 stuScore 表中，查询姓名中含有“陈”字的学生信息。

任务 3 查询结果排序

一、选择题

1. 在数据库查询中，如果需要按特定字段排序，应该使用（　　）子句。

A. SORT　　B. ORDER BY

C. GROUP BY　　D. SELECT

2. 如果要计算员工的工龄，应该使用（　　）关键字。

A. CALCULATE　　B. AGE

C. DATEDIFF　　D. ORDER BY

3. 在进行多字段排序时，如果想要按照第一个字段从大到小、第二个字段从小到大的顺序，以下正确的语句是（　　）。

A. ORDER BY field1 ASC，field2 DESC

B. ORDER BY field1 DESC，field2 ASC

C. ORDER BY field1 DESC，field2 DESC

D. ORDER BY field1 ASC，field2 ASC

二、简答题

1. 在一个 SELECT 语句中，当 WHERE、GROUP BY 和 HAVING 子句同时出现在一个查询中时，SQL 的执行顺序是什么？

2. 在 SELECT 语句中，ORDER BY 的排序原则是什么？

三、操作题

1. 对于教学数据库的几个基本表，试用 T-SQL 的查询语句完成下列查询。

学生表 student（sno，name，age，sex）

选课表 sc（sno，cno，score）

课程表 course（cno，name）

（1）统计每门课程的学生选修人数，要求输出课程号和选修人数，查询结果按人数降序排列，如果人数相同，则按课程号升序排列。

（2）查询每门课程的学生平均成绩，按降序排列。

（3）按学生年龄升序显示学生信息。

（4）按课程名称升序显示课程信息。

2. 使用 pubs 数据库，完成以下查询。

（1）查询 authors 数据表，按每个作者的 au_fname 升序排序，找出前五个作者的全部信息。

（2）查询 discounts 数据表，按折扣率 discount 降序排序。

任务 4 分组查询

一、选择题

1. 在 SQL Server 中，关于 COUNT 函数的使用，正确的是（　　）。

A. COUNT（*）表示计算表中的总行数，包括数据为 NULL 的行

B. COUNT（*）表示计算表中的总行数，不包括数据为 NULL 的行

C. COUNT（列名）表示计算列表包含的行的总数，包括数据为 NULL 的行

D. 以上选项都不正确

2. 聚合函数 AVG 的功能是计算（　　）。

A. 最大值　　B. 最小值　　C. 平均值　　D. 总行数

3. SELECT 语句中通常与 HAVING 子句同时使用的是（　　）子句。

A. GROUP BY　　B. ORDER BY　　C. WHERE　　D. JOIN

4. 对分组查询结果进行筛选的是（　　）子句，其条件表达式中可以使用聚集函数。

A. WHERE　　B. GROUP BY　　C. HAVING　　D. ORDER BY

二、简答题

1. 现有学生数据表见表 5-4-1。使用 T-SQL 语句，按照性别（sex）分组，分别统计男生、女生人数。

表 5-4-1　学生数据表

id	name	sex
1	张明	男
2	李红	女
3	张刚	男
4	李丽	女
5	张强	男

2. WHERE 子句与 GROUP BY 子句之间是否有次序关系？ WHERE 子句可以放在 GROUP BY 子句之后吗？

3. HAVING 子句后的列名可以用 SELECT 语句中的 AS 后面的列名吗？测试以下语句是否正确，若不正确，则改正。

```
SELECT cno, count（*）AS 总门数
FROM sc
GROUP BY cno
HAVING 总门数 >=3
```

三、操作题

1. 对于教学数据库的三个基本表，试用 SQL 的查询语句完成下列查询。

学生表 student（sno，name，age，sex）

选课表 sc（sno，cno，score）

课程表 course（cno，name）

（1）统计有学生选修的课程数量。

（2）统计每门课程的选修学生人数。

（3）按性别统计学生的平均年龄。

（4）检索至少选修两门课程的学生学号。

2. 以下面的数据库为例，关系模式如下。

仓库（仓库号，城市，面积）←→ warehouse（whno，city，size）

职工（仓库号，职工号，工资）←→ employee（whno，eno，salary）

订购单（职工号，供应商号，订购单号，订购日期）← order（eno，sno，ono，date）

供应商（供应商号，供应商名，地址）←→ supplier（sno，sname，addr）

使用 SQL 语句完成以下更新操作。

（1）按城市统计仓库的平均面积和总面积。

（2）检索每个供应商发出的订购单数量。

（3）计算每个仓库中员工的平均工资。

任务 5　连接查询

一、选择题

1. 在学生表（学号，姓名，性别）和选课表（学号，课程号，成绩）中，查询选修课成绩在 80 分及以上的女生姓名，则用（　　）语句。

A. SELECT 姓名 FROM 学生表，选课表
WHERE 学生表 . 学号 = 选课表 . 学号 OR 性别 =' 女 ' AND 成绩 >=80

B. SELECT 姓名 FROM 学生表，选课表
WHERE 学生表 . 学号 = 选课表 . 学号 AND 性别 =' 女 ' OR 成绩 >=80

C. SELECT 姓名 FROM 学生表，选课表
WHERE 学生表 . 学号 = 选课表 . 学号 OR 性别 =' 女 ' OR 成绩 >=80

D. SELECT 姓名 FROM 学生表，选课表
WHERE 学生表 . 学号 = 选课表 . 学号 AND 性别 =' 女 ' AND 成绩 >=80

2. 在教师表（教师号，姓名）、授课表（课程号，教师号，学分）和课程表（课程号，课程名）中，查询“陈静”教师所讲授的课程，列出姓名和课程名，则用（　　）语句。

A. SELECT 姓名，课程名
FROM 教师表，授课表，课程表
WHERE 教师表 . 教师号 = 授课表 . 教师号 AND 姓名 =' 陈静 '

B. SELECT 姓名，课程名
FROM 教师表，授课表，课程表
WHERE 教师表 . 教师号 = 授课表 . 教师号 AND 授课表 . 课程号 = 课程表 . 课程号 AND 姓名 =' 陈静 '

C. SELECT 姓名，课程名
FROM 教师表，授课表，课程表
WHERE 教师表 . 教师号 = 授课表 . 教师号 AND 授课表 . 教师号 = 课程表 . 课程号 AND 姓名 =' 陈静 '

D. SELECT 姓名，课程名
FROM 教师表，授课表，课程表
WHERE 授课表 . 课程号 = 课程表 . 课程号 AND 姓名 =' 陈静 '

3. 查询所有比“陈静”教师工资高的教师姓名及工资，使用语句：SELECT x. 姓名 x. 工资 FROM 教师表 AS x 教师表 AS y WHERE x. 工资 >y. 工资 AND y. 姓名 =' 陈静 '。该语句使用的查询是（　　）查询。

A. 内连接　　B. 外连接　　C. 自连接　　D. 子

二、简答题

1. 什么是自连接？在数据库中如何实现自连接查询？

2. 简述连接查询、内连接、外连接的作用。

三、操作题

1. 对于教学数据库的三个基本表，表结构如下。

学生表 student（sno，name，age，sex）

选课表 sc（sno，cno，score）

课程表 course（cno，name）

试用 SQL 的查询语句完成下列查询。

（1）查询选修课程号 cno 为 c01 的学生信息。

（2）查询学号为 2022010902 学生的选课信息和成绩。

（3）查询“刘美”同学的数学成绩。

（4）检索数学成绩比“刘美”同学高，年龄比她大的学生姓名和数学成绩。

（5）查询信息工程系所有学生的成绩，要求输出学号、姓名、课程名、成绩，并按成绩降序排序。

（6）查询所有成绩小于 60 分的学生，要求输出学号、姓名、课程名、成绩，并按学号和课程号升序、成绩降序排序。

（7）查询各课程的平均分，并按平均分降序排序。

2. 根据数据库 pubs，完成以下查询。

（1）查询所有员工的编号、姓名以及他们所从事工作的名称。

（2）查询与作者在同一个州的书店的名称、地址和城市。

（3）查询所销售书籍的名称、总销售数量以及总销售额。

（4）查询书籍的名称、类型、价格、作者的姓名、联系地址、电话以及出版该书的出版社名称。

（5）查询 pubs 数据库中每一本书对应有几个作者。

（6）查询 title_id 和 pub_name 的对应关系。

（7）查询每个作者的编号、姓名、所出的书的编号，并对结果进行排序。

（8）查询所有曾出版过商业书籍的出版商的名称和书籍的名称。

任务 6　集合查询

一、选择题

1. 假设有两个表 student1（见表 5-6-1）和 student2（见表 5-6-2），以下（　　）查询语句将会输出合并了 student1 和 student2 两个表的结果，并且保留了重复项。

表 5-6-1　student1

id	name	sex
1	小明	男
2	小红	女
3	小刚	男

表 5-6-2　student2

id	name	sex
4	小丽	女
5	小强	男

A. SELECT id，name，sex FROM student1
UNION ALL
SELECT id，name，sex FROM student2

B. SELECT id，name，sex FROM student1
UNION
SELECT id，name，sex FROM student2

C. SELECT id，name，sex FROM student1
UNION DISTINCT
SELECT id，name，sex FROM student2

D. 以上选项都不正确

2. 网络售书情况 InternetInfo 见表 5-6-3，实体店面售书情况 StoreInfo 见表 5-6-4，现在需要查询当天既有网络售书，又有实体店面售书的订单日期，使用的 T-SQL 语句为（　　）。

表 5-6-3　网络售书情况 InternetInfo

网络名称（InternetName）	书名（BookName）	订单日期（OrderDate）
当当网	《雪山大地》	2024-04-11
京东商城	《宝水》	2024-04-12

表 5-6-4　实体店面售书情况 StoreInfo

实体店面名称（StoreName）	书名（BookName）	订单日期（OrderDate）
鼓楼新华书店	《本巴》	2024-04-11
观前街新华书店	《千里江山图》	2024-04-12
凤凰传媒新华书店	《回响》	2024-04-13

A. SELECT OrderDate FROM InternetInfo
INTERSECT
SELECT OrderDate FROM StoreInfo

B. SELECT OrderDate FROM InternetInfo
UNION

SELECT OrderDate FROM StoreInfo

C. SELECT OrderDate FROM InternetInfo

EXCEPT

SELECT OrderDate FROM StoreInfo

D. 以上选项都不正确

二、简答题

1. 简述 UNION 关键字在数据库中的作用。

2. UNION ALL 的作用是什么？它与 UNION 的区别是什么？

三、操作题

1. 对于教学数据库的多个基本表，表结构如下。

学生表 student（sno，name，age，sex）

选课表 sc（sno，cno，score）

课程表 course（cno，name）

教师表 teacher（tno，name，age，jobTitle，dept）

授课表 teach（tno，cno）

其中 tno 表示教师的工号，jobTitle 表示教师的职称，dept 表示教师所属的系部。试用 SQL 的查询语句完成下列查询。

（1）检索选修了陈明老师所授课程的女学生姓名。

（2）检索选修了陈明老师所授课程的学生学号。

（3）查找所有学生和教师的姓名。

（4）查找未选修任何课程的学生姓名。

（5）查找学生和教师相同的姓名。

2. 根据数据库 pubs，完成以下查询：从 authors 表中选择 state 列和 city 列，从 publisher 表中选择 state 列和 city 列，把两个查询的结果合并为一个结果集，并对结果集按 city 列、state 列进行排序。

任务 7 子查询

一、选择题

1. 下列关于子查询，描述正确的是（ ）。

A. 子查询是一个独立的查询，不能嵌套在另一个查询中

B. 子查询仅允许在 SELECT 语句中使用，不能在其他 SQL 命令中使用

C. 子查询允许一个 SELECT 查询的结果被用作另一个 SQL 语句的数据源或条件

D. 子查询只能从其嵌套的相同表中提取数据

2. 在 SQL Sever 中，与“IN”等价的操作符是（ ）。

A. =ANY B. <>SOME C. =SOME D. =ALL

二、简答题

1. 什么是嵌套查询？

2. IN 与 EXISTS 有哪些不同？

三、操作题

1. 对于教学数据库的多个基本表，表结构如下。

学生表 student（sno，name，age，sex）

选课表 sc（sno，cno，score）

课程表 course（cno，name）

教师表 teacher（tno，name，age，jobTitle，dept）

授课表 teach（tno，cno）

其中 tno 表示教师的工号，jobTitle 表示教师的职称，dept 表示教师所属的系部。试用 SQL 的查询语句完成下列查询。

（1）检索刘美同学没有选修的课程号。

（2）计算选修 c04 课程的学生的平均年龄。

（3）classOne 表中有列名为“Linux”课程的学生成绩，查询该班学生中该门成绩大于班级平均成绩的学生的学号、姓名、Linux 的成绩。

（4）查询选修所有课程的学生。

（5）查询选修课程编号为 c01 课程的学生。

（6）查询年龄大于所有学生平均年龄的学生。

（7）查询有成绩记录的学生。

2. 使用 pubs 数据库，完成以下查询。

（1）根据 titles 和 publishers 两张表，查找所有曾出版过商业（business）书籍的出版商的名称。

（2）根据 authors、titles、titleauthor 三张表，查找所有来自 CA 州的作者的全部作品和作者编号。

（3）根据 authors、titles、titleauthor 三张表，查找获得某本书 100% 共享版税（royaltyper）的所有作者名。

（4）根据 titles 和 publishers 两张表，查找不出版商业（business）书籍的出版商的名称。

项目六　管理索引和视图

任务 1　创建索引

一、选择题

1. 在一个包含百万级别记录的用户表中，经常需要按照用户的姓氏进行排序和查询，应该选择（　　）索引来优化此类查询。

A. 聚集　　B. 非聚集　　C. 唯一　　D. 多列

2. 在 SQL Server 中，索引顺序和数据表的物理顺序相同的是（　　）索引。

A. 主键　　B. 非聚集　　C. 聚集　　D. 唯一

3. 在使用 CREATE INDEX 命令创建索引时，FILLFACTOR 选项定义的是（　　）。

A. 填充因子　　B. 误码率　　C. 冗余度　　D. 索引页的填充率

4. 按照索引记录的结构和存放位置，可将索引分为聚集索引和（　　）索引。

A. 唯一　　B. 全文　　C. 筛选　　D. 非聚集

二、简答题

1. 什么是索引？简述创建索引的必要性。

2. 按照索引的存储结构可将索引划分为哪几种？

三、操作题

1. 在 SQL Server 数据库中有一个包含大量数据的 Employee 表，该表包含 EmployeeID、FirstName、LastName、DepartmentID、Salary 等列，完成以下任务。

（1）创建一个适当的索引，以提高根据 EmployeeID 进行查询的性能。

（2）使用 T-SQL 语句检查该表上的索引，并确保索引已正确创建。

2. 有一个包含大量数据的 Orders 表，该表包含 OrderID、CustomerID、OrderDate、TotalAmount 等列，需要根据不同的查询需求创建适当的索引。

（1）创建一个索引，以提高根据 CustomerID 进行查询的性能。

（2）创建一个索引，以提高同时根据 OrderDate 和 TotalAmount 进行查询的性能。

任务 2　管理索引

一、选择题

1. 考虑一个包含大量数据的销售订单表，其中有一个名为 SalesOrders 的索引，需要对其进行重命名以符合新的命名规范，应该使用（　　）语句来执行此操作。

A. EXEC sp_rename 'SalesOrders'，'NewSalesOrders'，'index'

B. EXEC sp_rename 'SalesOrders'，'NewSalesOrders'

C. ALTER INDEX SalesOrders ON SalesOrders REBUILD

D. ALTER INDEX SalesOrders ON SalesOrders DISABLE

2. 在 SQL 语言中，删除索引的语句为（　　）。

A. DELETE 索引名

B. DELETE INDEX 表名 索引名

C. DROP 索引名

D. DROP INDEX < 表名 > < 索引名 >

3. 当需要确保某一列数值的唯一性，并且不允许有重复值时，应该选择创建（　　）索引。

A. 聚集　　B. 非聚集　　C. 唯一　　D. 全文

二、简答题

1. 写出重新生成索引的语法格式。

2. 写出禁用索引的语法格式。

3. 写出删除索引的语法格式。

三、操作题

1. 发现一个数据库表 Product 上的某个索引不再需要，使用 SSMS 或 T-SQL 语句删除索引 IX_Product_Example。

2. 数据库中有一张包含大量数据的 Orders 表，其中 OrderDate 列上有一个索引 IX_Orders_OrderDate。IX_Orders_OrderDate 是 OrderDate 列的升序索引，现在业务需求发生变化，要求查询时更加注重查询速度和数据的有序性。使用 SSMS 或 T-SQL 语句修改索引 IX_Orders_OrderDate，将其改为降序排列。

任务 3 管理视图

一、选择题

1. 下列选项中，对视图的描述错误的是（　　）。

A. 视图是一张虚拟的表

B. 在存储视图时存储的是视图的定义

C. 在存储视图时存储的是视图中的数据

D. 可以像查询表一样来查询视图

2. 在一个大型的企业数据库中，有一个名为 EmployeeInfo 的视图，该视图由两个基本表 Employees 和 Departments 联合而成，用于显示员工的姓名、部门名称以及工资等信息，下列选项中，对视图描述正确的是（　　）。

A. 视图可以直接存储在数据库中，而不是虚拟的表

B. 视图简化了操作，但不提供数据库的安全机制

C. 视图的操作和基表的操作完全不同

D. 当对 EmployeeInfo 视图中的员工姓名进行修改时，Employees 基本表中对应的数据也会

自动修改

3. 如果要将与表中的某个关键字内容的记录在输出结果中合并成一条记录，那么应选用视图设计器的（　　）选项卡。

A. 排序依据　　B. 更新条件　　C. 分组依据　　D. 视图参数

二、简答题

1. 查看视图时，存储过程 sp_help 和存储过程 sp_helptext 有哪些不同？

2. 基本表的数据发生改变，能否从视图中反映出来？

3. 通过视图修改表中的数据需要哪些条件？

三、操作题

1. 有一个包含订单信息的 Orders 表，该表包含 OrderID、CustomerID、OrderDate、TotalAmount 等列，完成以下任务。

（1）创建一个视图 vw_OrderSummary，显示订单的摘要信息，包括 OrderID、CustomerID、OrderDate、TotalAmount 等。

（2）使用 SSMS 查看 vw_OrderSummary 视图的定义。

（3）修改视图 vw_OrderSummary，将 TotalAmount 列的别名修改为 Amount。

（4）删除视图 vw_OrderSummary。

2. 数据库中有一张包含产品信息的 Products 表，该表包含 ProductID、ProductName、CategoryID、Price 等列，完成以下任务。

（1）创建一个视图 vw_ProductsWithCategory，显示产品的详细信息，包括 ProductID、ProductName、CategoryID、Price 以及对应的 CategoryName。

（2）使用视图 vw_ProductsWithCategory 查询所有属于“Electronics”类别的产品。

任务 4 通过视图操作数据表

一、选择题

1. 下列选项中，关于创建视图的描述正确的是（　　）。

A. 视图名后面必须加上是否加密的选项

B. 可以在创建视图时指定多个 SELECT 语句

C. 创建视图时必须使用 ALTER VIEW 语句

D. 创建视图时必须指定 FROM 子句

2. 定义视图时，不能使用（　　）子句。

A. SELECT　　B. WHERE　　C. ORDER BY　　D. GROUP BY

二、简答题

1. 将创建视图的基本表从数据库中删除，视图也会一并删除吗？

2. 能否在使用聚合函数创建的视图上删除数据行？为什么？

3. 修改视图中的数据会受到哪些限制？

三、操作题

1. 数据库中有一个包含员工信息的 Employees 表，该表包含 EmployeeID、FirstName、LastName、DepartmentID、Salary 等列，完成以下任务。

（1）创建一个视图 vw_EmployeeSummary，显示员工的摘要信息，包括 EmployeeID、FullName（将 FirstName 和 LastName 拼接）、DepartmentID、Salary。

（2）使用 SQL 查询语句查看视图 vw_EmployeeSummary 的前 10 条记录。

（3）修改视图 vw_EmployeeSummary，将薪水 Salary 列的别名修改为 MonthlySalary。

（4）删除视图 vw_EmployeeSummary。

2. 数据库中有一张包含订单信息的 Orders 表，该表包含 OrderID、CustomerID、OrderDate、TotalAmount 等列，完成以下任务。

（1）创建一个视图 vw_RecentOrders，显示最近一个月内的订单信息，包括 OrderID、CustomerID、OrderDate、TotalAmount。

（2）使用视图 vw_RecentOrders 查询所有订单的信息。

（3）修改视图 vw_RecentOrders，将时间范围修改为最近三个月。

（4）通过修改视图 vw_RecentOrders 删除某个 OrderID 对应的订单。

项目七　维护数据库安全

任务 1　配置 SQL Server 身份验证模式

一、选择题

1. SQL Server 有两种身份验证模式，其中在（　　）模式下，需要客户端应用程序连接时，提供登录所需的用户标识和密码。

A. Windows 身份验证　　B. SQL Server 身份验证

C. 以超级用户身份登录时　　D. 其他方式登录时

2. SQL Server 采用的身份验证模式主要有（　　）。

A. 仅 Windows 身份验证模式

B. 仅 SQL Server 身份验证模式

C. 仅混合模式

D. Windows 身份验证模式和混合模式

二、简答题

1. 在 SQL Server 中有几种身份验证模式？它们的区别是什么？

2. 系统安装之后，可以重新修改 SQL Server 系统的认证模式，简述其修改操作的步骤。

三、操作题

1. 将一个 SQL Server 实例的身份验证模式从 Windows 身份验证模式切换到混合身份验证模式。

2. 更改混合身份验证模式用户 sa 的密码为 sa@123456SQL。

任务 2　管理服务器登录和数据库用户

一、选择题

1. 下列选项中，关于创建 SQL Server 身份认证登录名的说法正确的是（　　）。

A. 密码长度必须至少为 8 个字符

B. 密码不得包含特殊字符

C. 可以使用 CREATE USER 语句

D. 可以使用 CREATE LOGIN 语句

2. 在 SQL Server 中，默认的登录账号为（　　）。

A. Administrator　　B. guest　　C. sa　　D. dbo

二、简答题

1. 简述服务器登录名、服务器角色、数据库用户的区别和联系。

2. 数据库用户和登录用户有哪些区别和联系？

3. 当登录到 Windows 的用户与 SQL Server 连接时，用户不用提供 SQL Server 账号，这种认证模式就是 Windows 认证机制。请问这种说法是否正确？为什么？

三、操作题

1. 使用 T-SQL 语句，新建 Windows 身份认证的登录名 userLogin。

2. 使用 T-SQL 语句，新建 SQL Server 身份认证的登录名 userLogin。

3. 使用 T-SQL 语句，修改登录名 userLogin 的登录密码。

4. 使用 T-SQL 语句，新建数据库用户 myuser，并与登录名 userLogin 进行关联。

5. 使用 T-SQL 语句，修改数据库用户 myuser，将用户名改为 book_user，将默认架构更改为 dbo 数据库。

6. 使用 T-SQL 语句，删除数据库用户 book_user。

任务 3 管理角色

一、选择题

1. 在 SQL Server 中可以划分若干个角色，不属于这些角色的是（　　）角色。

A. 服务器　　B. 数据库　　C. 应用程序　　D. 管理员

2. 在 SQL Server 中，以下（　　）角色具有最高级别的权限。

A. db_datareader　　B. db_datawriter　　C. sysadmin　　D. public

3. 在 SQL Server 中，以下（　　）角色允许用户执行 SELECT 语句，但不允许对数据库进行修改操作。

A. db_owner　　B. db_datareader

C. db_ddladmin　　D. db_securityadmin

4. 在 SQL Server 中，为便于管理用户和权限，可以将一组具有相同权限的用户组织在一起，这一组具有相同权限的用户被称为（　　）。

A. 账户　　B. 角色　　C. 登录　　D. SQL Server 用户

5. 下列选项中，查看固定服务器角色的语句是（　　）。

A. sp_srvrole　　B. EXEC sp_helpsrvrole

C. sp_helprole　　D. EXEC sp_helprole

6. 将登录账号添加到固定服务器角色中，使用系统存储过程的语句是（　　）。

A. addsrvrolemember　　B. EXEC addsrvrolemember

C. sp_srvrolemember　　D. EXEC sp_addsrvrolemember

二、简答题

1. 简述应用角色的好处。

2. 简述数据库登录账户与数据库用户的对应关系及各自的特点。

三、操作题

1. 在“服务器角色属性”窗口，添加任务中被删除的角色成员。

2. 在 SSMS 中，创建登录名为 linkLogin 的用户，创建 SQL Server 身份认证登录账户，不使用强制密码策略，密码设置为 445566，默认数据库为 pubs。

任务 4 管理权限

一、选择题

1. 数据库管理系统通常提供授权功能来控制不同用户访问数据的权限，这样做主要是为了实现数据库的（　　）。

A. 可靠性　　　B. 一致性　　　C. 完整性　　　D. 安全性

2. 若有三个用户 u1、u2、u3，关系为 R，则下列不符合 SQL 的权限授予和回收的语句是（　　）。

A. GRANT　SELECT　ON　R　TO　u1

B. REVOKE　UPDATE　ON　R　u3

C. GRANT　DELETE　ON　R　TO　u1，u2，u3

D. REVOKE　INSERT　ON　R　FROM　u2

二、简答题

1. 写出对数据对象授予权限的基本语法。

2. 写出对数据对象拒绝授予权限的基本语法。

3. 写出对数据对象撤销以前授予或拒绝的权限的基本语法。

4. 说明下列语句的作用。

```
CREATE LOGIN linkLogin WITH password='445566', DEFAULT_DATABASE=pubs
USE pubs
CREATE USER link FOR LOGIN linkLogin WITH DEFAULT_SCHEMA=dbo
```

三、操作题

1. 在删除登录名时，出现了提示信息“Could not drop login 'linkLogin' as the user is currently logged in.”，试解决此问题。

2. 在删除角色或用户时，出现了提示信息“The database principal owns a schema in the database, and cannot be dropped.”，试解决此问题。

3. 在删除角色或用户时，出现了提示信息“Cannot drop the application role 'AppRole'，because it does not exist or you do not have permission.”，试解决此问题。

4. 分别使用 SSMS 和 T-SQL 语句两种方法对 SQL Server 数据库用户进行管理，完成以下操作。

（1）创建登录名。

（2）创建用户名。

（3）赋予和撤销用户权限。

5. 使用SSMS实现向固定数据库角色中添加和删除用户。将pubs数据库中的用户tom，设置为db_owner数据库角色的成员，设置用户tom对该数据库的数据表有添加、删除和修改的权限。

6. 在数据库 pubs 中，完成以下操作：使用 T-SQL 语句创建使用“用户自定义数据库角色”jobs_role，并验证角色的作用；创建一个登录名 linkLogin，在数据库 pubs 中为登录名 linkLogin 创建用户 link；创建一个既拥有职位表 jobs 的所有权限，又拥有表 titles 的 SELECT 权限的角色 jobs_role；为角色 jobs_role 添加数据库用户 link；拒绝用户 link 对表 titles 的 SELECT 权限；删除用户、登录名、自定义角色。

项目八　设计与实现政务平台数据库

任务 1　创建政务平台数据库

一、选择题

1. 在设计政务平台数据库时，更倾向于采用（　　）数据库模型。

A. 关系型　　B. 非关系型　　C. 图　　D. 混合型

2. 在搭建政务平台数据库时，本任务选择了（　　）数据库引擎。

A. Microsoft SQL Server　　B. MySQL

C. Oracle Database　　D. PostgreSQL

二、操作题

1. 为了实现一个图书管理系统（library management system）的基本数据库，确定数据库名称为 Library，Library 用于维护图书信息、作者和出版社的关系，同时跟踪借阅者和借阅记录，试写出数据库 Library 的需求分析。

2. 数据库 Library 包括图书表 Book、作者表 Author、出版社表 Publisher、借阅者表 Reader、借阅记录表 BorrowRecord，通过主键和外键约束建立它们之间的关联。图书表存储书籍信息，作者表存储作者信息，出版社表存储出版社信息，借阅者表存储借阅者信息，而借阅记录表记录了借阅和归还的情况，试写出各个表的结构描述。

3. 使用 T-SQL 语句创建数据库 Library。Library 数据文件初始大小为 20 M，增量为 1 M，不限制增长，文件存储在 D 盘根目录下，其他选项设置为默认选项。数据库 Library 日志文件初始大小为 5 M，增量为 10%，最大为 30 M，文件存储在 D 盘根目录下，其他选项设置为默认选项。

4. 使用 T-SQL 语句创建数据表，并向各表插入数据，以确保系统的功能性。

图书表 Book 见表 8-1-1。

表 8-1-1　图书表 Book

图书编号	书名	ISBN	出版年份	出版社编号
1	SQL Server 数据库应用	978-7-5×××-6×××-×	2024	1

作者表 Author 见表 8-1-2。

表 8-1-2　作者表 Author

作者编号	作者姓名	出生日期
1	陈道喜	1974-01-01

出版社表 Publisher 见表 8-1-3。

表 8-1-3　出版社表 Publisher

出版社编号	出版社名字	地址	电话
1	中国劳动社会保障出版社	北京市朝阳区	010-6×××××××

借阅者表 Reader 见表 8-1-4。

表 8-1-4　借阅者表 Reader

借阅者编号	借阅者名字	E-mail	电话
1	Alice	alice@example.com	139××××5678

借阅记录表 BorrowRecord 见表 8-1-5。

表 8-1-5　借阅记录表 BorrowRecord

借阅编号	图书编号	借阅者编号	借阅日期	归还日期
1	1	1	2024-01-01	2024-01-15

任务 2　增删改政务平台数据库

一、选择题

1. 给定以下数据库表结构：

CREATE TABLE Student（

StudentID INT PRIMARY KEY,

FirstName NVARCHAR（50）NOT NULL,

LastName NVARCHAR（50）NOT NULL,

Age INT）

正确的插入语句是（　　）。

A. INSERT INTO Student（StudentID，FirstName，LastName，Age）VALUES（1，'John'，'Doe'，'20'）

B. INSERT INTO Student（FirstName，LastName，Age）VALUES（'Alice'，'Smith'，'22'）

C. INSERT INTO Student（StudentID，FirstName，LastName）VALUES（'2'，'Bob'，'Johnson'）

D. INSERT INTO Student VALUES（3，'Charlie'，'Brown'，25）

2. 给定以下数据库表结构：

CREATE TABLE Product（

ProductID INT PRIMARY KEY,

ProductName NVARCHAR（50）NOT NULL,

StockQuantity INT）

删除库存数量小于等于 5 的产品记录，正确的语句是（　　）。

A. DELETE FROM Product WHERE StockQuantity <= 5

B. DELETE * FROM Product WHERE StockQuantity <= 5

C. DELETE Product WHERE StockQuantity <= 5

D. DELETE WHERE StockQuantity <= 5 FROM Product

二、操作题

在上一个任务，已经创建了一个图书管理系统数据库 Library，包含图书表 Book、作者表 Author、出版社表 Publisher、借阅者表 Reader 和借阅记录表 BorrowRecord 等。

1. 使用 T-SQL 语句为每个表添加一条数据。

图书表 Book（2, ' 数据库基础 ', '0987654321', 2024，2）

作者表 Author（2, ' 李华明 ', '1983-05-15'）

出版社表 Publisher（2，' 苏州大学出版社 '，' 江苏苏州 '，'0512-1234××××'）

借阅者表 Reader（2, 'Bob', 'bob@example.com', '1381234××××'）

借阅记录表 BorrowRecord（2，2，2, '2024-02-01', '2024-02-15'）

2. 使用 T-SQL 语句修改图书书名，将图书编号为 2 的书名更改为“工学一体化 SQL Server 数据库应用”。

3. 使用 T-SQL 语句删除借阅记录表 BorrowRecord 中借阅者编号为 1 的借阅记录。

4. 使用 T-SQL 语句分离数据库 Library。

5. 使用 T-SQL 语句附加数据库 Library。

任务 3 查询政务平台数据库

一、选择题

1. 在连接查询中，以下（　　）字段可以用于关联图书表Book和借阅记录表BorrowRecord。

A. BookID　　B. ISBN　　C. ReaderID　　D. RecordID

2. 下列选项中，（　　）语句可以获取每位借阅者借阅的图书数量。

A.
```
SELECT Reader.ReaderName, COUNT（*）AS TotalBooks
FROM Reader
JOIN BorrowRecord ON Reader.ReaderID = BorrowRecord.ReaderID
GROUP BY Reader.ReaderName
```
B.
```
SELECT Reader.ReaderName, SUM（BookID）AS TotalBooks
FROM BorrowRecord
JOIN Reader ON BorrowRecord.ReaderID = Reader.ReaderID
GROUP BY Reader.ReaderName
```
C.
```
SELECT Reader.ReaderName, AVG（BookID）AS TotalBooks
FROM BorrowRecords
JOIN Readers ON BorrowRecord.ReaderID = Reader.ReaderID
GROUP BY Reader.ReaderName
```
D.
```
SELECT Reader.ReaderName, MAX（BookID）AS TotalBooks
FROM BorrowRecord
JOIN Reader ON BorrowRecord.ReaderID = Reader.ReaderID
GROUP BY Reader.ReaderName
```

二、操作题

在之前的任务中，已经创建了一个图书管理系统数据库 Library，使用 T-SQL 语句完成以下查询。

1. 查询借阅记录及相关书籍、借阅者信息，包括借阅编号、书名、借阅者名字、借阅日期、归还日期等。

2. 查询出版社为“中国劳动社会保障出版社”的所有图书。

3. 统计每位借阅者借阅的图书数量。

任务 4　使用索引和视图优化政务平台数据库

一、选择题

1. 在图书表 Book 中，为了加快 ISBN 的检索速度，应该创建（　　）类型的索引。

A. PRIMARY KEY　　B. FOREIGN KEY

C. UNIQUE INDEX　　D. NON-CLUSTERED INDEX

2. 创建一个能够提供读者姓名和借阅图书书名的视图，应该选择以下（　　）字段进行连接。

A. BookID　　B. ReaderID

C. Title　　D. ReaderName

二、操作题

在之前的任务中，已经创建了一个图书管理系统数据库 Library，使用 T-SQL 语句完成以下操作。

1. 创建图书表 Book 中 ISBN 字段的唯一索引。该语句的作用是在图书表中为 ISBN 字段创建一个唯一索引，确保每本书都有唯一的 ISBN，以提高检索速度，防止重复数据的插入。

2. 创建连接借阅者表 Reader 和借阅记录表 BorrowRecord 的视图。该语句的作用是创建一个名为 BorrowerView 的视图，用于连接借阅记录表、借阅者表和相关图书信息。这样可以简化复杂的查询，并提供更方便的方式来检索和显示借阅者、图书和借阅记录的相关信息。

3. 利用视图 BorrowerView 修改借阅编号为 2 的借阅记录，借阅日期修改为 2024 年 1 月 30 日。

综合训练（一）

班级________ 学号________ 姓名________ 成绩________

一、单选题（每题2分，共30分）

1. SQL Server是一个（　　）数据库系统。

A. 网状型　　B. 层次型

C. 关系型　　D. 以上选项都不正确

2. 对分组查询结果进行筛选的是（　　）子句，其条件表达式中可以使用聚集函数。

A. WHERE　　B. GROUP BY

C. HAVING　　D. ORDER BY

3. 在SQL Server中，索引顺序和数据表物理顺序相同的是（　　）索引。

A. 非聚集　　B. 聚集　　C. 主键　　D. 唯一

4. SELECT语句中与HAVING子句通常同时使用的是（　　）子句。

A. ORDER BY　　B. WHERE　　C. GROUP BY　　D. 无须配合

5. SQL Server提供的单行注释语句是使用（　　）开始的一行内容。

A. /*　　B. /　　C. {　　D. --

6. 下列选项中，关于主键的描述正确的是（　　）。

A. 一个表中的主键只包含一列

B. 一个表中不同的记录可以具有重复的主键值

C. 一个表中的主键可以包含一列或者多列

D. 以上选项都不正确

7. 在SELECT语句WHERE子句的条件表达式中，可以匹配0到多个字符的通配符是（　　）。

A. *　　B. %　　C. -　　D. ?

8. 在WHILE循环语句中，如果循环体语句条数多于一条，必须使用（　　）。

A. BEGIN…END　　B. CASE…END

C. IF…THEN　　D. GOTO

9. 在 SELECT 查询中，要把结果中的行按照某一列的值进行排序，所用到的子句是（　　）。

A. ORDER BY　　B. WHERE

C. GROUP BY　　D. HAVING

10. 要删除视图 myview，可以使用（　　）语句。

A. DROP myview　　B. DROP TABLE myview

C. DROP VIEW myview　　D. DROP INDEX myview

11. 在下列角色中，（　　）的权限是固定数据库角色的成员可以从所有用户表和视图中读取所有数据。

A. db_owner　　B. db_securityadmin

C. db_dataadmin　　D. db_datareade

12. 在 SELECT 语句中，用于删除重复行的关键字是（　　）。

A. TOP　　B. DISTINCT

C. PERCENT　　D. HAVING

13. 要查询 book 表中所有书名包含“计算机”的书籍情况，可以使用（　　）语句。

A. SELECT * FROM book WHERE book_name LIKE ' 计算机 *'

B. SELECT * FROM book WHERE book_name LIKE '% 计算机 %'

C. SELECT * FROM book WHERE book_name = ' 计算机 *'

D. SELECT * FROM book WHERE book_name = ' 计算机 %'

14. 关于表结构的定义，以下说法中错误的是（　　）。

A. 表名在同一个数据库内应是唯一的

B. 创建表使用 CREATE TABLE 命令

C. 删除表使用 DELETE TABLE 命令

D. 修改表使用 ALTER TABLE 命令

15. 下列选项中，用于禁止输入重复值的约束是（　　）。

A. FOREIGN KEY　　B. NULL

C. DEFAULT　　D. UNIQUE

二、简答题（每题 5 分，共 30 分）

1. 学生表 student、课程表 course、选课表 sc 三张表如图 1 所示，写出这三张表中的主键和外键。

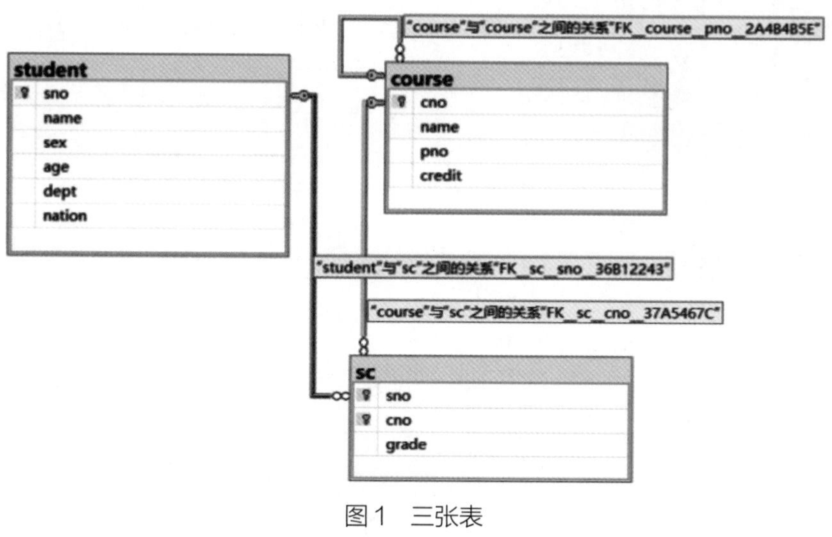

图1　三张表

2. 通过命令方式创建学生表 student（学号 sno，姓名 name，性别 sex，年龄 age），设置学号 sno 为主键，数据类型和长度可自行设定，写出 T-SQL 语句。

3. 新建 SQL Server 身份认证的登录名 userLogin，密码为 admin1234!，写出 T-SQL 语句。

4. SQL Server 有几种身份验证模式？它们的区别是什么？

5. 修改数据库用户 myuser，用户名更改为 book_user，更改默认架构为 dbo 数据库，写出 T-SQL 语句。

6. 写出对数据对象授予权限的基本语法。

三、操作题（每题 8 分，共 40 分）

1. 创建数据库 xige.mdf。

新建 xige.mdf 数据库文件，初始大小为 20 M，增量为 1 M，不限制增长，文件存储在考生文件夹下，其他选项设置为默认选项。

2. 创建数据表。

信息 2104 班表名为 ××2104，见表 1。

表 1 ××2104

列名	数据类型	是否允许空
序号	SMALLINT	不允许
姓名	NVACHAR（20）	不允许
文档编辑	SMALLINT	不允许
电子表格	SMALLINT	不允许
数据库	SMALLINT	不允许
平时	SMALLINT	不允许

信息 2104 班的学生、课程和成绩如图 2 所示。

序号	姓名	文档编辑	电子表格	数据库	平时
1	曹陆军	85	86	85	100
2	顾心愿	85	79	85	95
3	陆明青	83	65	80	80
4	程晓鸽	93	65	80	90
5	程琴芳	80	64	83	90
6	王飞	80	49	84	90
7	周琴	70	68	81	100
8	龚管芳	75	37	83	100
9	陈美娟	65	68	85	100
10	贝美芳	90	66	90	100

图 2　信息 2104 班的学生、课程和成绩

3. 运用 SQL 语句在 × ×2104 表中增加一条新记录，记录的字段信息如下。

序号：11，姓名：王保强，文档编辑：89，电子表格：90，数据库：95，平时：98。保存查询，文件名为 SQLQuery3.sql。

4. 运用 SQL 语句把表 ××2104 中姓名为“王飞”的学生的“文档编辑”成绩加 5 分。保存查询，文件名为 SQLQuery4.sql。

5. 运用 SQL 语句查询 ××2104 班级所有学生的信息。保存查询，文件名为 SQLQuery5.sql。

综合训练（二）

班级________ 学号________ 姓名________ 成绩________

一、单选题（每题 2 分，共 30 分）

1. 下列选项中，(　　)不是关系数据库管理系统。

A. MongoDB　　B. Oracle　　C. SQL Server　　D. MySQL

2. 在 T-SQL 语言中，若要修改某张表的结构，应该使用的修改关键字是（　　）。

A. ALTER　　B. UPDATE　　C. UPDAET　　D. DROP

3. 在查询语句的 WHERE 子句中，如果出现了“age BETWEEN 30 AND 40”，这个表达式等同于（　　）。

A. age>=30 AND age<=40　　B. age>=30 OR age<=40

C. age>30 AND age<40　　D. age>30 OR age<40

4. 如果要在一张管理职工工资的表中限制工资的输入范围，应使用（　　）约束。

A. PRIMARY KEY　　B. FOREIGN KEY

C. UNIQUE　　D. CHECK

5. 记录数据库事务操作信息的文件是（　　）文件。

A. 数据　　B. 索引　　C. 辅助数据　　D. 日志

6. 要查询 product 表中产品名含有“冰箱”的产品情况，正确的语句是（　　）。

A. SELECT * FROM product WHERE 产品名称 LIKE '冰箱'

B. SELECT * FROM product WHERE 产品名称 = '冰箱'

C. SELECT * FROM product WHERE 产品名称 LIKE '% 冰箱 %'

D. SELECT * FROM product WHERE 产品名称 = '冰箱'

7. 下列选项中，对视图的描述错误的是（　　）。

A. 视图是一张虚拟的表

B. 在存储视图时存储的是视图的定义

C. 在存储视图时存储的是视图中的数据

D. 可以像查询表一样来查询视图

8. SQL 的聚集函数 COUNT、SUM、AVG、MAX、MIN 不允许出现在查询语句的（　　）子句之中。

A. SELECT　　B. HAVING

C. GROUP BY HAVING　　D. WHERE

9. 有两个表的连接是 table_1 INNER JOIN table_2 。其中 table_1 和 table_2 是两个具有部分相同列名的表，这种连接会生成（　　）结果集。

A. 包括 table_1 中的所有行，不包括 table_2 的不匹配行

B. 包括 table_2 中的所有行，不包括 table_1 的不匹配行

C. 包括两个表的所有行

D. 只包括 table_1 和 table_2 满足条件的行

10. 查询所有比“陈静”教师工资高的教师姓名及工资，使用下列语句 SELECT x. 姓名 x. 工资 FROM 教师表 AS x 教师表 AS y WHERE x. 工资 >y. 工资 AND y. 姓名 =' 陈静 '。该语句使用的查询是（　　）查询。

A. 内连接　　B. 外连接　　C. 自连接　　D. 子

11. 在 SQL Serer 中，与“IN”等价的操作符是（　　）。

A. =ANY　　B. < >SOME　　C. =SOME　　D. =ALL

12. 在数据库管理系统中，以下 SQL 语句书写顺序正确的是（　　）。

A. SELECT → FROM → GROUP BY → WHERE

B. SELECT → FROM → WHERE → GROUP BY

C. SELECT → WHERE → GROUP BY → FROM

D. SELECT → WHERE → FROM → GROUP BY

13. 有一进口商品数据表 iteminfo（itemid，itemtype，unitprice，itemcount），其中 itemid 是自动编号字段，其他属性可以为 NULL。如果用 SQL 语句 INSERT INTO iteminfo（unitprice，itemcount）VALUES（9.99，150）向数据表中插入元组时，则该元组的 itemtype 属性值为（　　）。

A. NULL　　B. 任意值

C. 0　　D. 插入失败，不存在该元组

14. 假设有两个数据库表 insurance 和 employee，分别记录了某地所有工作人员的社保信息和基本信息：insurance（id，is_valid），各属性分别表示身份证号、社保是否有效，其中 is_valid=1 表示社保有效，is_valid=0 表示社保无效。employee（id，name，salary，is_local），各属性分别表示身份证号、姓名、每月工资、户口是否在当地，其中 is_local=1 表示户口在当地，is_local=0 表示户口不在当地。2021 年农历新年，为防控新冠疫情，鼓励留在工作地过年，决定对社保有效且户口不在当地的人群发放津贴。可筛选出满足补贴发放条件人员的语句是（　　）。

A. SELECT * FROM employee，insurance WHERE insurance.id=employee.id AND insurance.is_valid=1

B. SELECT * FROM employee，insurance WHERE insurance.is_valid=1 AND employee.is_local=0

C. SELECT * FROM employee，insurance WHERE insurance.id=employee.id AND insurance.is_valid=1 AND insurance.is_local=0

D. SELECT * FROM employee，insurance WHERE insurance.id=employee.id AND insurance.is_valid=1 AND employee.is_local=1

15. 在一个数据库中，如果要赋予用户 userA 可以查询 department 表的权限，应使用的语句是（　　）。

A. GRANT SELECT ON department TO userA

B. REVOKE SELECT ON department FROM userA

C. GRANT SELECT ON department FROM userA WITH GRANT OPTION

D. REVOKE SELECT ON department TO userA

二、简答题（每题 5 分，共 30 分）

1. 数据库系统的特点有哪些？

2. 数据库的三要素是指什么？

3. 在数据库 ssts 中，有学生表 student（sno，name，sex，age，dept）、课程表 course（cno，name）、选课表 sc（ sno，cno，score）。三张表之间存在主外键关系，向课程表 course 和选课表 sc 插入数据时，需要注意哪些问题？

4. 数据库的备份类型有哪些？

5. 在一个 SELECT 语句中，当 WHERE 子句、GROUP BY 子句和 HAVING 子句同时出现在一个查询中时，SQL 的执行顺序是什么？

6. 按照索引的存储结构划分，可将索引分为哪几种？

三、操作题（共 40 分）

在教务数据库 jw 中有三张表，学生表 student 见表 1，课程表 course 见表 2，选课表 sc 见表 3。

表 1　学生表 student

学号	姓名	性别	年龄	系别
1	杨艳	女	18	计算机系
2	崔华志	男	21	经管系
3	康华	男	19	电子系

表 2　课程表 course

课程号	课程名	学分
1	SQL Server	4
2	数据结构	3
3	专业英语	2

表 3　选课表 sc

学号	课程号	成绩
1	1	88
2	1	90
2	2	70
2	3	80
3	1	79
3	2	82
3	3	85

试用 T-SQL 语句完成以下操作。

1. 创建教务数据库 jw。

2. 创建 student 表、course 表、sc 表，并设置主外键关系，性别列设置 check 约束，其值只能为“男”或“女”。

3. 插入表 1、表 2、表 3 的数据。

4. 把 course 表中课程号为 3 的课程学分修改为 3。

5. 在 student 表中查询年龄大于 18 的学生的所有信息，并按学号降序排列。

6. 完成上述操作后，在以上三个表中查询所选课程的“学分”为 3，并且成绩大于 75 的学生的学号、姓名和性别。

7. 统计所有学生“SQL Server”课程的平均成绩。

8. 创建一个视图，显示每门课程的平均分。